"追风人"青少年科普丛书

你好,
我是可爱的大块头

金风科技　编著

科学普及出版社
·北 京·

图书在版编目（CIP）数据

你好，我是可爱的大块头 / 金风科技编著 . —北京：
科学普及出版社，2022.8（2024.7 重印）
（"追风人"青少年科普丛书）
ISBN 978-7-110-10436-1

Ⅰ.①你… Ⅱ.①金… Ⅲ.①风力发电机—青少年读
物 Ⅳ.① TM315-49

中国版本图书馆 CIP 数据核字（2022）第 068997 号

策划编辑	邓　文	
责任编辑	梁军霞　王　蕊	
装帧设计	中文天地	
插画绘制	熙芽文化　东言创意　陈志伟　袁子祺	
责任校对	张晓莉	
责任印制	徐　飞	

出　　版	科学普及出版社	
发　　行	中国科学技术出版社有限公司	
地　　址	北京市海淀区中关村南大街 16 号	
邮　　编	100081	
发行电话	010-62173865	
传　　真	010-62173081	
网　　址	http://www.cspbooks.com.cn	

开　　本	710mm×1000mm　1/16	
字　　数	150 千字	
印　　张	8	
版　　次	2022 年 8 月第 1 版	
印　　次	2024 年 7 月第 2 次印刷	
印　　刷	北京瑞禾彩色印刷有限公司	
书　　号	ISBN 978-7-110-10436-1 / TM・32	
定　　价	38.00 元	

编 委 会

主　编　武　钢　周云志

副主编　于永纯

编委会（按姓氏笔画排序）

王　栋　孙　宇　齐琳超　任　伟　李　帅

李天楷　阿丽菲娜·保拉提别克　　陈　斌

陈永兴　苗　兵　姚贵宾　敖　娟　高　飞

韩文婷　谭　颖

序

　　200 多年前，人类从农耕时代进入了工业化时代，并开始大规模使用煤炭、石油、天然气等化石能源，人类的生活越来越便捷舒适。然而，随着地球上的人口越来越多、经济社会飞速发展，人类生活排放的温室气体就像一张巨型的棉被，使地球不能顺畅呼吸，越来越热。

　　在我们生活的现代社会里，有这么一群人，他们一生都在寻找风、捕获风、研究风和利用风，他们称自己为"追风人"。追风人发现了地球"发烧"的秘密，为了拯救地球，他们接受了一项代号为"3060"的神秘任务，开启了神秘的追风行动，他们想用清洁绿色的风来驱动机器、点亮城市、照亮我们的生活……

　　追风人整装出发，踏上了寻找破解温室气体排放问题的征程。一路上，追风人会带你跋山涉水，领略大自然的神奇。你会发现大气层的秘密，了解大气环流，结识季风，感知山谷风、海陆风和焚风，并尝试和各种风进行交流。

　　你会在山海的尽头，偶遇一个可爱的大块头，他会和你分享自己捕风的经历，或许还会向你讲述他与 2008 年北京奥运会和 2022 年北京冬季奥运会的故事，这样你就能更加直观地理解"张北的风点亮北京的灯"的确切含义。在大块头的带领下，你会走进神秘的巨人风阵，与追风人一起探讨驭风术，听他讲驭风者的故事，重温"捕风者"的发现之旅。

　　经历了野外艰难的探寻、寻求真理路上的困惑与争执，追风人最终如愿找到理想的黄金风场，从一台风机到一个场站、一条产业链，最后到整个电力系统，清洁环保的风能得以大规模运用，"3060"任务赋予追风人的神圣使命在风中找到了答案。

　　零碳未来，起于风，但又不止于风！风不止，追风人就不会停下探寻的脚步！亲爱的小朋友，追风人的故事，你会一直听吗？或许，有一天你也会成为故事里的人……

金风科技董事长

目录

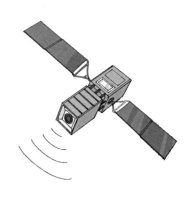

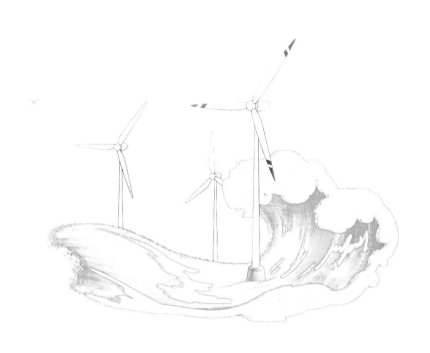

1

初次见面

没错，我是一个有故事的大块头

疯子骑士，能否与我再战三百回合

"那边冒出了三十多个无法无天的巨人，我想过去大战一场。这是正义之战，从地面上铲除这类恶种就是替天行道。"

堂吉诃德催动"驽骍难得"一往无前地冲向他眼里的"风车巨人"，却被连人带马地卷到空中，摔到了地上。

嘿嘿，你没认错，我就是《堂吉诃德》里的那个"风车巨人"！如果他看到现在的我，会不会想要与我再战三百回合？

中世纪欧洲的重要生产力——磨坊

中世纪是欧洲历史上较为黑暗的一个时期，普遍认为是自西罗马帝国灭亡（公元 476 年）到拜占庭帝国灭亡（公元 1453 年）的这段时期。这个时期的欧洲，封建割据使科技和生产技术停滞不前，欧洲人民整日生活在战争的水深火热之中，挨饿更是常有的事。正是因为欧洲人民对于食物的渴求，此时的农业生产反而取得了飞跃的发展。

这一切都得益于磨坊的产生。

科技改变面包

中世纪时期，粮食的供应总是供不应求。由于小麦的生命力较弱且产量低，再加上面粉的提炼技术较为落后，所以物以稀为贵，小麦粉被奉为高档食物，当时几乎所有的稻谷都会用来做面包。

公元600年，水力磨坊开始传播到各个城市。

1050 年犁田和轮作技术的运用使得更多的农田被开垦。

1080 年，风力磨坊从东方传入欧洲，数千个风力磨坊很快遍布欧洲，促进了农业和面包业的快速发展。

风车之国——荷兰

从纬度位置上看，荷兰位于北纬 50°~ 54°，处于地球的盛行西风带，常年受西风影响，风速较大。从海陆分布上看，荷兰地处欧洲大陆西岸，濒临大西洋，是典型的海洋性气候国家，海陆风长年不息。另外，从荷兰的地形看，其领土组成中有类似漏斗形状的海湾。这些特殊的地理位置、海陆分布及地形给荷兰提供了优越的利用风力的条件。

　　荷兰境内河流纵横，1/3 的土地高出海平面仅 1 米，约 1/4 的土地低于海平面，因此也被称为"低洼之国"。这种特殊的地形会导致其在遭遇大风浪时易被海水侵入。因此荷兰人民建造了大量的堤防和运河，并以此开始了历史悠久的围海造陆工程。

　　随着荷兰人民大规模开展围海造陆工程，风车在这项艰巨的工程中发挥了巨大的作用。为了将堤坝里面的水排出，荷兰人民将风车安装在堤坝上。这样就可以通过风车的转动，将堤坝内的水排到运河中，并通过相连的运河将水排入大海中。这样做也有效地防止了海水的入侵。

　　正是由于风车不停地吸水、排水，才保障了荷兰全国2/3的土地免受水患的威胁。

16—17 世纪，风车对荷兰的经济意义重大。在鹿特丹和阿姆斯特丹的近郊，有很多风车带动的磨坊、锯木厂和造纸厂。荷兰人利用风车发展了农副产品加工业，并逐渐促进了造船业、渔业、航海业、商业、造纸业、毛织业、麻织业、旅游业等产业的发展。这一系列产业链环环相扣并日益繁荣，为荷兰的发展提供了先决条件。

18 世纪中叶，荷兰的风车多达 1 万座。

现在，大部分风车已被电力代替，只剩下不足 1000 座，游客只能到风车博物馆或风车村保护区才能一饱眼福。

风车是荷兰的国宝。荷兰将每年 5 月的第 2 个星期六定为"风车日"，届时全国所有的风车都会转动起来。

金德代克－埃尔斯豪特风车群

金德代克（小孩堤防）是荷兰西部南荷兰省的一个村庄，坐落在莱克河与诺德河的交汇处，是一个低洼地区。

历史上，这个洼地一直是洪水的多发地。

为了将低于海平面洼地的积水排出，当地于 1740 年建立了由 19 座风车组成的水利系统，借由风力原理推动转轮将水排出，让地表不致被水淹没，从而成功地保护了这片土地。

金德代克－埃尔斯豪特风车群是荷兰现存最大且最具代表性的风车群。风车有四五层楼的高度，巨大的风车叶片长达 20 多米。每一座风车就是一个风车塔房，内部除了有牵引车叶轴心、巨大的石磨、工具室和储粮室外，还有可供风车看管人员居住的空间，有的家族在风车里已生活了 200 多年。

19座风车中，现仍有17座在持续运转。风车群面对面排成两排，矗立于河岸两侧，极为壮观。

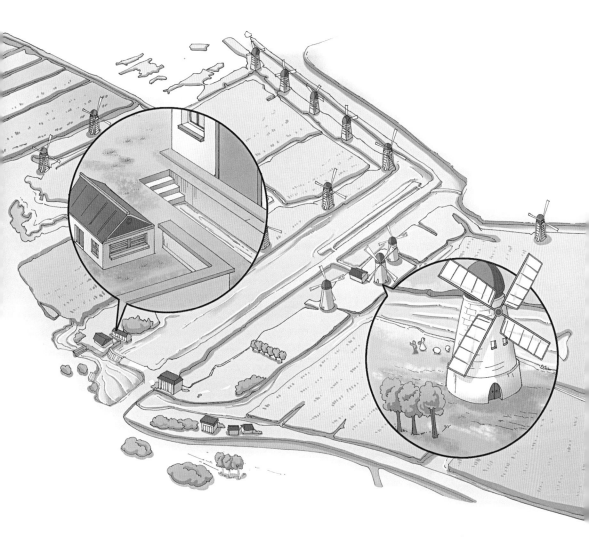

金德代克－埃尔斯豪特风车群已成为荷兰最知名的景点之一，1997年作为文化遗产被联合国教科文组织列入《世界遗产名录》。

这里每年吸引许多观光游客，游客可以在河流沿岸步行或骑自行车欣赏这19座风车的美丽风景，也可以进入风车的内部参观。风车内部保存完好，还可以看到一些古老的炊事用具、木鞋、传统挂毯等。

小孩堤防的传说

"小孩堤防"的名字起源于一个民间传说。

1421 年由于风暴的侵袭，荷兰遭受可怕的水灾，幸运的是，附近南荷兰省的洼地被得以保护。

当风暴减弱后，有人前去灾区的堤防寻找生还者。他们看见远处水面漂浮着一个木制摇篮，当摇篮漂近时，人们看到里面有一只猫，它为了保持摇篮平衡不进水而来回跳动。

当摇篮漂到堤防时，人们吊起摇篮，才惊奇地发现里面有一个正睡得香甜的小孩。就这样，"小孩堤防"因此得名。

自我介绍，还是要正式一点儿

大家好！我是风力发电机，又名风机，乳名大块头。

我觉得自己是一个懂科学、会思考、善良友好、坚强可靠，同时在生活中也会有一些小烦恼的大块头。

如果你了解我再多一点，就会发现其实我不是一个笨拙、冰冷的大怪物，而是一个聪明、灵活、有爱的大可爱！

对了，我长得还很漂亮，可谓集才华与美貌于一身！

什么，你说你没看出来？有句话怎么说来着，"生活不是缺少美，而是缺少发现美的眼睛"。

欢迎走进大块头的世界，让我们一起开启一段奇妙的发现之旅吧！

我的身高

　　在我们风机家族中，有一位来自金风科技的小兄弟——GW175-8.0MW 风机，从它的基座到叶尖最高处的距离将近 200 米，而法国巴黎标志性建筑凯旋门高 49 米、意大利著名的比萨斜塔高 55 米、英国伦敦标志性建筑大本钟高 97 米、上海东方明珠塔高 468 米、广州塔高 600 米。

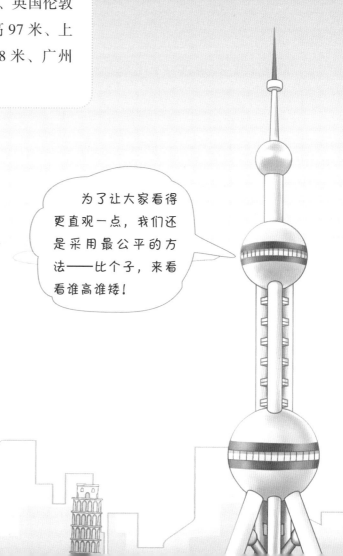

为了让大家看得更直观一点，我们还是采用最公平的方法——比个子，来看看谁高谁矮！

你一定想知道，这么一个大块头，一天到底可以发多少电呢？

我每天最高可发电 20 万度以上，可供 3.5 万户家庭用电一天。

我的臂长

我是一枚长度为 107 米的叶片，比国际标准足球场的长度（105 米）还要长。假设一个人占地约 0.57 平方米，在我的一支叶片上可以站 187 个人！

叶片就是我长长的手臂，这是我捕获风能的关键结构，是我的核心部件之一。

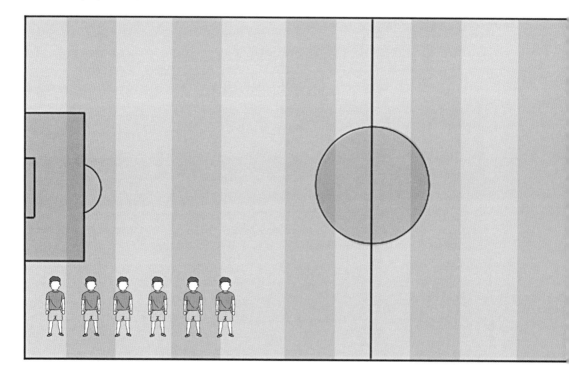

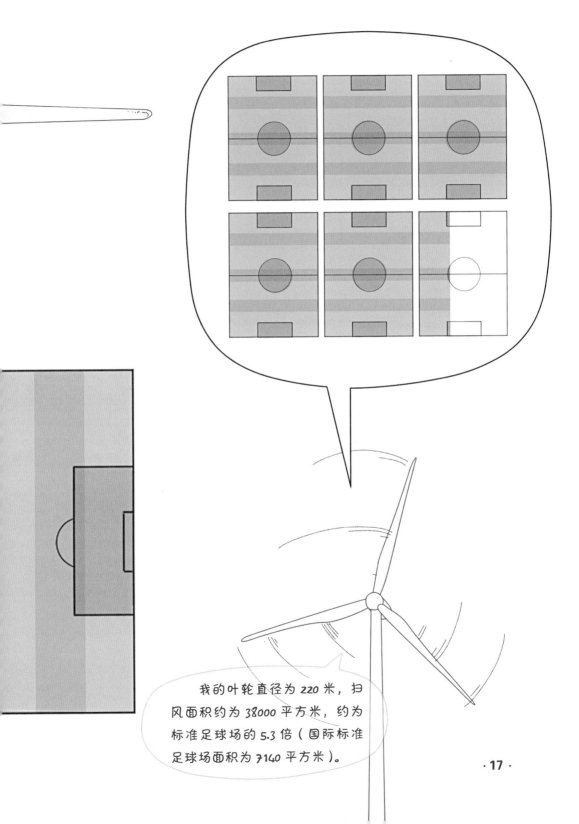

我的叶轮直径为 220 米，扫风面积约为 38000 平方米，约为标准足球场的 5.3 倍（国际标准足球场面积为 7140 平方米）。

我的体重

2018 年，艾尔姆风电集团（LM）在法国瑟堡港口附近开了一家大型工厂，全球第一支长 107 米的风机叶片就在此"诞生"。这支叶片重达 50 吨，由玻璃纤维和碳纤维制成的特殊混合纤维，使叶片的承载部件兼具高硬度和低质量。

当然，现在我们家族里这种重量级选手还是少数，大多数风机的叶片都是"标准体重"。如长度为 34 ～ 45 米的叶片，其质量约为 6 ～ 8 吨；长度为 44 ～ 59 米的叶片，其质量约为 8 ～ 15 吨；长度为 62 ～ 75 米的叶片，其质量约为 15 ～ 20 吨。

我们也有高矮胖瘦之分

人类会因为时代、环境、饮食、遗传、种族等因素而会有高矮胖瘦之分，我们风机家族成员的身高、臂长也不是整齐划一的。不同时代、不同科技背景、不同应用场景、不同家族的风机有不同的身高。

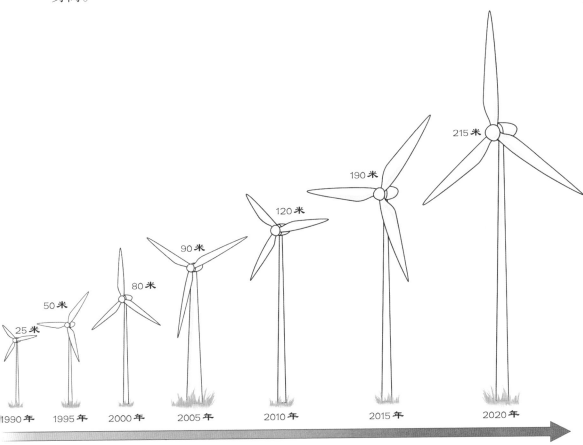

1990 年，叶轮直径为 25 米；2010 年，叶轮直径就达到了 120 米；2015 年，叶轮直径已达 190 米；2020 年，最大风机的叶轮直径已经超过215 米。

就拿生活在我们中国的这一支风机家族来说吧，家族成员的身高、臂长也有很大的差别，即使同一个家庭的兄弟姐妹也高矮不一。

一号家庭：GW1S

成员身高（轮毂高度）为50 ~ 70米，臂长（叶轮直径）为82米。

二号家庭：GW2S

成员身高（轮毂高度）为95米、100米、120米、140米，臂长（叶轮直径）为150米。

三号家庭：GW3S/4S

成员身高（轮毂高度）为86米、95米、100米、110米、120米、140米、155米、165米，臂长（叶轮直径）为136米、155米、165米。

四号家庭：GW5S

成员身高（轮毂高度）为100米（可定制），臂长（叶轮直径）为165米。

五号家庭：GW6S/8S

成员身高（轮毂高度）为110米、112米（可定制），臂长（叶轮直径）为175米、184米。

六号家庭：全新中速永磁系列

成员身高（轮毂高度）为100 ~ 185米（可定制），臂长（叶轮直径）为171米、182米、191米、242米。

什么？你不明白可定制是什么意思？嗯，可定制就是说如果你对风机的身高有特殊要求，可以单独提出来，工程师会为你量身制造，这样你就能拥有独一无二的风机了。怎么样，服务够贴心吧？

我的肤色

为什么你看到的风机大多都是白色的？

白光是光谱中所有可见光的混合产物，通常被认为是"无色"的，在我们视野中几乎没有存在感。

这种单调的中性色没有侵略性，可以与周围的环境"和谐共存"，白色风机很少会让周围的民众感到突兀。

也有人提出，如果根据风电场的地形地貌及周围环境的颜色，有针对性地推出荒漠黄、草原绿、海洋蓝等版本的风机，岂不是能够在最大程度上融入当地环境？不过，地表环境并不是一成不变的，春夏秋冬、白昼黑夜、晴天雨雪，周围的环境会呈现出截然不同的颜色，而百搭的白色无疑是最稳妥的选择。

除了与自然环境有很强的兼容性外，白色还有凸显风机存在的作用。

除了下雪，大自然中很少会形成白色的地表，这样空中的飞行人员更容易看清地面上高耸的白色风机，提前躲避这些障碍物。

为了使风机更加显眼，叶片尖部往往涂有红色条带（航标带）。

白色不容易吸收太阳光中的紫外辐射，有利于缓解机组内部发电机、变流器等电气设备的散热问题，同时会降低因润滑油、润滑脂发生干燥而产生气泡的风险。

白色外观有利于人们观察到风机表面的油污，并及时进行处理。另外，对于产品设计制造商而言，除了"靠颜值出道"，更重要的是白色涂料的价格远低于彩色涂料，整体成本可以降到最低。

风机的设计使用寿命为 20 ~ 25 年，它们一生都在恶劣的自然环境中工作，除了日常"喝西北风"，还要长期"晒日光浴"。

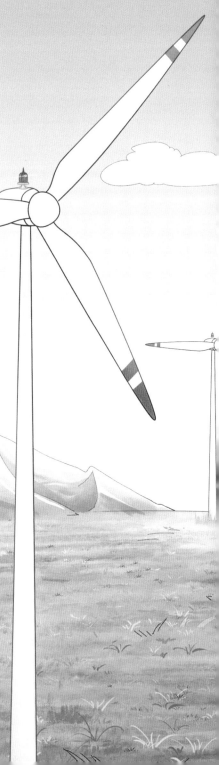

彩色风机：除了发电，还可以是艺术品

　　都是白色的风机未免有些单调，为了使风机更好地承载民风民俗，打造具有当地特色的风电场，有的地方将风机的塔筒和叶片表面喷绘了具有当地文化特色的图案和花纹，使之成为艺术品。

为什么我们都不约而同地选择三支叶片

单叶片风机

双叶片风机

四叶片风机

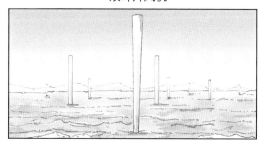

无叶片风机

历史上，曾出现过拥有一片、两片、三片、四片、多片的风机，也有无叶片的风机，而目前 90% 以上的风机都是三支叶片，也有少数是两支叶片。这是为什么呢？为什么不是一支、四支或更多叶片呢？

单叶片式　　双叶片式　　三叶片式　　　多叶片式　　自行车车轮多叶片式

小档案

　　叶片数量的选择，一般要考虑风能利用效率、制造成本、平衡性、转速及美学等因素。

原来，三支叶片可以最大限度地减少系统的震颤。

如果是两支叶片的风机，当叶片处于水平位置时震颤程度会很大，会对涡轮机造成损伤。

如果仅有一支叶片，从空气动力学的角度来讲是比较高效的，但是一支叶片转动会过快，系统容易疲劳，噪声也比较大。

如果是四支叶片，虽然可以增加少许风电输出，但是会大幅度增加成本，所以经济上不合算。

而无叶片风机虽然具有噪声小、成本低等优点，但其风能利用率也大打折扣。

另外，风机选择三支叶片的设计还有一个理由——看上去比较美观。

我转得有多快

你是不是很好奇，我们风机到底能转多快呢？下面就让我给你讲一讲吧！

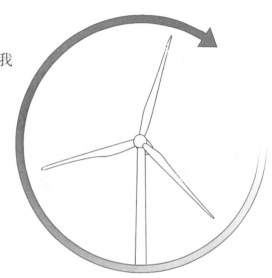

我的叶轮直径是 100 米

我转一周就是（π 取 3.14）：

周长 = π × 100 = 314 米

按照工程师叔叔给我的指令，我一分钟能转 16 圈：

转速 = 16 转 / 分

我转一个小时就是：

叶尖速度 = 314 × 16 × 60
= 301440 米 / 时
= 301.44 千米 / 时

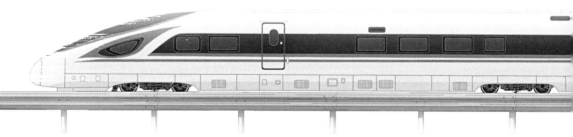

作为中国一张亮丽的名片，高速铁路列车速度如下：C 字头列车的运行时速为 160 ~ 350 千米；D 字头动车的运行时速为 160 ~ 250 千米；G 字头高铁的运行时速为 250 ~ 350 千米。现在你知道我转得有多快了吧？

2

大块头与你的距离
到底有多远

我离你很远，欢迎走进我的世界

世界上第一台自动运行的风力发电机

1887—1888 年冬，美国工程师查尔斯·布鲁斯（Charles F. Brush）基于农场提水风力机的设计原理，在位于俄亥俄州克利夫兰的自家后院建造了一台风力发电机，现代人认为这是世界上第一台自动运行的风力发电机。他也是美国电力工业的奠基人之一。

虽然是功率只有 12 千瓦的初代机，但这个庞然大物的叶轮直径长达 17 米，叶片由 144 根雪松木制作而成。令人难以置信的是，这台机组异常长寿，足足运行了近 20 年（现代风电机组的设计寿命普遍为 20～25 年）。

库尔的实验风力发电机

美国人对风力发电机探索的消息迅速传到了大洋彼岸的欧洲大陆。

丹麦的气象学家保罗·拉·库尔（Poul la Cour）敏锐地觉察到风电蕴藏着的巨大潜力，开始着手对风电技术进行研究。

库尔建造了一座风洞开展相关的实验，发现叶片数量少、转速高的风机的发电效率比多叶片提水风机高得多。

1897 年，库尔在丹麦的一所高中校园内安装了自己研发的两台风力发电机，并且，他每年都会给风电工人做培训。库尔创立了风电工人协会，还创办了世界上第一种风力发电期刊。他作为现代风力发电机的先驱，将丹麦的风电技术推向了世界领先水平。

横空出世的达里厄型风力发电机

1925 年，法国工程师达里厄（G.J.M Darrieus）发明了一种全新的风力发电机，其叶片犹如具有流线型轮廓的跳绳。虽然这款垂直轴升力型风机的风能利用率约为 40%（水平轴升力型风机的理论利用率为 59.3%），但其不受风向限制且安装维护成本低。

在历史的岔路口，被寄予厚望的达里厄型风机由于各种原因逐渐没落，水平轴风机最终占据了风电市场。一部分学者认为，如果在达里厄型风机上投入与水平轴风机相当的研究经费，前者或许具有更为广阔的发展空间。

划时代的"丹麦概念"风力发电机

1950 年，约翰内斯·尤尔（Johannes Juul）作为丹麦韦斯特·艾格斯堡风电公司（Vester Egesborg）的工程师，首次把风力发电机中的直流发电机换成了异步交流发电机。此后，交流发电策略延续到了现代风力发电机中。

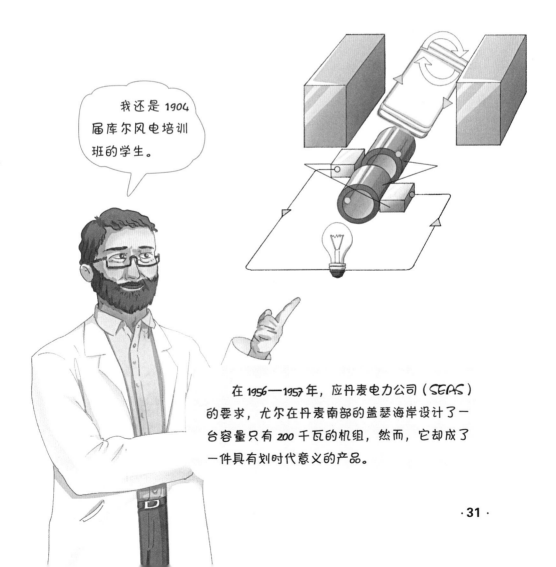

我还是 1904 届库尔风电培训班的学生。

在 1956—1957 年，应丹麦电力公司（SEAS）的要求，尤尔在丹麦南部的盖瑟海岸设计了一台容量只有 200 千瓦的机组，然而，它却成了一件具有划时代意义的产品。

这台风机具有三叶片、上风向、电动机械偏航和异步交流发电机的特征，凭借着较高的风能利用率和稳定可靠的结构性能，在众多类型的概念中脱颖而出，成为现代风力发电机的设计雏形，被称为"丹麦概念"。

世界上第一座海上风电场

随着土地资源受限，并且海上的平均风速高，风资源丰富，欧洲风电大国纷纷将目光转移到了广袤的海洋。

1991 年，筹划已久的丹麦一举在波罗的海区域安装了 11 台 450 千瓦的机组，建成了世界上第一座海上风电场，在整个海上风电场的规划、设计、实施、维护等一系列环节中积累了宝贵而丰富的经验。

中国第一座陆上风电场——马兰风电场

1986 年，在山东省荣成市，我国第一座陆上风电场——马兰风电场正式并网发电。

为了建设这座风电场，有关部门从丹麦引进了 3 台 55 千瓦机组，总装机容量为 165 千瓦，其平均年发电量达到了 26 万千瓦·时，最高年发电量达 33 万千瓦·时。

2015 年，马兰风电场的风电机组全部退役。

风起达坂城

13 只骆驼的由来

20 世纪 80 年代，新疆风电事业迎风启航。

1982 年 3 月，新疆水利水电科学研究所组建电气室，专职从事小型风力发电机、水电自动化等应用研究与技术推广。

1983—1985 年，研究所在新疆农牧区推广单机容量为 50 瓦、100 瓦、150 瓦的离网型小风电机组，总数达五六千台，解决了一些地区的农牧民家庭用电困难的问题。

1986 年，新疆水利水电研究所（水电）正式成立，开始进行风力发电探索，新疆风电事业发展正式起步，该研究所从丹麦引进 55 千瓦独立运行风电机组与 100 千瓦并网风电机组各一台，建立了柴窝堡湖风电试验站，正式开始风力发电的应用探索。同年 10 月，中国与丹麦达成建设新疆达坂城风电场项目意向，两国政府于年底正式批准该项目列入合作计划，由丹麦政府提供 160 万美元赠款与 160 万美元无息贷款的设备援助，中方负责土建、并网等配套设施建设。

　　1987年，两台试验机组顺利投运，并取得十分可喜的运行数据，年发电量、年设备利用小时数等数据均达到世界领先水平，这一方面证实了柴窝堡乃至整个达坂城风区具有优越的风能资源，另一方面也强化了新疆风电人对风电资源开发的信心。同年5月，由中丹两国相关部门联合组成的项目评估团到达坂城进行实地考察；同年11月，丹麦国家风电实验室相关专家亲临达坂城做实地考察研究，编制完成达坂城风电场建设可行性研究报告，对项目做出肯定结论。后经协商，丹麦政府同意将混合贷款改为全额赠款约320万美元，以支持中国边疆地区的风能资源开发利用事业。

1988 年 4 月，新疆风能公司应运而生。上半年，风能公司组织了达坂城项目的机组设备招标，共采购 13 台 150 千瓦失速型风电机组与一台 75 吨吊车。

1989 年 4 月，新疆达坂城风电场开始施工建设，中国风电人历经 6 个月的艰苦努力，圆满完成了国内最早的大型风电场建设任务。10 月 24 日，机组安装调试完成并网发电。这是新疆最早的风力发电场，也是全国规模开发风能最早的实验场，当时其总装机容量位居全国乃至亚洲第一，单机容量也处于世界领先水平。

黄建新 《风能——戈壁曙光》

达坂城风电场并网发电后，为了纪念这一激动人心的时刻，研究所请新疆画院的黄建新老师创作了一幅油画——《风能——戈壁曙光》，画布上画了 13 台风机。为了体现风电人的宏大梦想，后经双方沟通，黄老师在画布中的戈壁上种上了漫山遍野的风机，又在画布上画了 13 只骆驼，纪念第一批的 13 台风机，也代表着风电人的执着与坚韧。

风中之城

新疆风能资源丰富，昔日丝路重镇达坂城地处天山和昆仑山之间，每年冬天这里都会形成巨大的风口，是建立风电场的绝佳之地。

据相关数据，达坂城风电场年风能蕴藏量为 250 亿千瓦·时，可利用总电能为 75 亿千瓦·时，可装机容量为 2500 兆瓦，是目前新疆九大风区中开发建设条件最好的地区。

在通往达坂城的道路两旁，上百台风力发电机擎天而立、迎风飞旋，在广袤的旷野上，形成了一个蔚为壮观的风车大世界。

2021 年，达坂城整装风电场荣获中国质量协会授予的"现场管理星级成熟度五星级"评价。达坂城整装风电场位于新疆博格达峰的山脚下，安装 67 台金风科技 3.0 兆瓦风电机组，它也是国内首个 3 兆瓦直驱永磁大型风电机组示范风电场及直驱永磁大型风电机组低温、超 I 类风区适应性示范基地。

我离你很近，只需一个转身

这里是北京，我在凉水河畔、官厅水库岸边

  这里是北京，我所在的地方是获得中国首个可再生能源"碳中和"智慧园区认证的金风科技亦庄智慧园区。该园区以智慧能源理念为先导，在覆盖 9 万余平方米的园区内集成了可再生能源、智能微网、智慧水务、绿色农业和运动健康等功能于一体的可感知、可思考、可执行的绿色园区生态系统。

  在智能微网方面，园区通过部署 4.8 兆瓦分散式风电、1.3 兆瓦分布式光伏和钒液流、锂电池、超级电容等多种形式储能，实现 2020 年清洁能源电量占比 50%。

金风科技亦庄智慧园区

北京市经济技术开发区凉水河畔

　　美丽的凉水河畔，二月兰、油菜花、芍药、月季、小雏菊、向日葵……就像排好了队似的，次第开放。蓝天白云下，古老的排水风车和现代化的风力发电机并肩而立，风起时，光影舞动，拨弄着花海，也点亮了城市！

风机所在的水库岸边遍布着葡萄园、果树林和玉米地，除了风机基座外围2米设置了防止游客靠近的围栏，整个风电场再找不到任何人为遮挡，风机的输电线路也全部埋藏在地下——风机与田野有机地融合在一起。

蓝天、青山、绿水之间，一尊尊近70米高的白色巨塔擎天而立，巨塔的顶端安装着三扇近40米长的风帆，面对着强劲西北风缓慢旋转，不断发出"呼、呼、呼"的风声。

北京市西北部官厅水库岸边

北京鹿鸣山官厅风电场

鹿鸣山官厅风电场是北京市第一座风电场，在完成2008年北京奥运会供电任务之后，自2019年7月开始，官厅三期工程也在持续为2022年北京冬季奥运会场馆提供绿色电能。

这里是福建，我在福清兴化湾

　　福清兴化湾海上风电场是全球首个大功率海上风电样机试验风场，这里有单机容量亚太地区最大、全球第二大的10兆瓦风电机组；这里有全球首创大直径嵌岩直桩风机基础；这里有国内首座将SVG动态无功补偿装置设置在海上的升压站；这里是海上风电高桩承台施工的百科全书。

福建省福清市
江阴半岛东南侧和
牛头尾西北侧

这里是黑龙江，我在大白山与小白山

这里是辽阔的黑龙江，每年有很长的时间处于"千里冰封，万里雪飘"的低温环境中。

这些地区的极限温度均低于 -30℃，金风科技在大白山与小白山安装了低温型机组。迄今为止，这些项目的运行已相当稳定。

📍 黑龙江省大兴安岭
大白山与小白山

四川省凉山彝族自治州

这里是四川，我在凉山彝族自治州

这里是四川黄茅埂风电场，位于四川省凉山州美姑县与雷波县交界的山脊和山顶台地，海拔 3200 ~ 3800 米，属于典型的高海拔风电场。

这里是上海，我在崇明岛上

崇明三岛，地处长江口与海岸带的交汇点，区位优势明显，具有丰富的风能、太阳能。

根据气象数据统计分析，崇明岛有效风力可利用 2000 小·时／年，从东至西呈递减趋势，是建立风力发电场的理想场所。

目前，崇明已建成投运长兴岛、前卫、北沿、北堡等一批风电场。北堡风电场处于低风速地区，该项目在比设计风速低10%的情况下，也能达到2100小时/年的设计利用小时数，其主要原因在于设备（GW121/2500机型）的高可靠性和直驱机组在低风速段优异的发电效率，可以让"低风速"更具价值。

你好，我是可爱的大块头

这里是中国，我在你们熟悉的很多个角落

　　现代化办公楼、学校、工厂、居民楼、码头、偏僻的海岛，哪里有可供利用的风，哪里就可能有我的身影。我是高高矗立的风机，也是带来动力的电，还是管理者起草的文件、工程师绘制的设计图、工厂里不知疲倦的传送带、码头上高高举起的塔吊、教室里流动的音符、餐桌上热气腾腾的饭菜……

我是严谨科学的
大块头

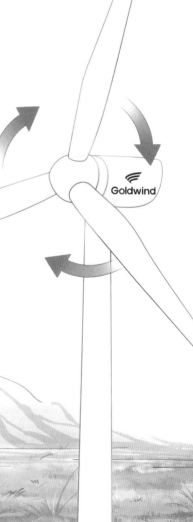

风能转换原理

什么是风能

　　风是因空气的流动而引起的一种自然现象。由于地球表面有平地、山川、海洋之分，在太阳光的照射下，各地的温度也不一样。在温度高的地方，空气受热变轻，开始向高空移动，地面空气因此变得稀薄，于是附近温度低的空气就会流动过来进行填补，而上升的热空气遇冷变重后又会降下来，如此循环就产生了风。

　　风能就是空气流动所产生的动能。风能总储量非常大，并且是可再生的清洁能源，但风能又具有分布广、能量密度低、不稳定的特点。在一定的技术条件下，风能可作为一种重要的能源得到开发利用。风能利用是综合性的工程技术，通过风力发电机可将风的动能转化成机械能、电能和热能等。

风机是如何转起来的

　　叶片表面呈弧状，一边厚一边薄，我们称之为翼型。当风吹过翼型叶片时，空气在叶片曲面产生的压力较小，而在另一面产生的压力较大，两个力合成后，就形成垂直于风流动方向的升力，也就是让叶片转动的力量。

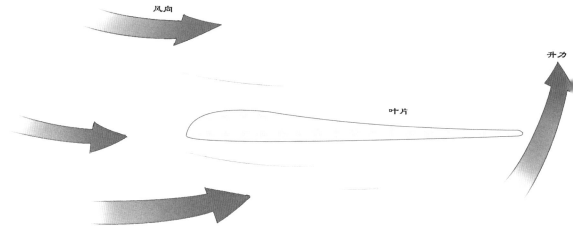

叶片受风产生升力示意图

　　风机是利用杠杆原理设计的单向受力转动机械。风机的叶片是旋转对称设计，而非轴对称设计。

　　在有风的情况下，叶片在对称位置产生的扭转力矩无法互相抵消，这样部分风能就被风机留了下来，也就是前面所说的升力，使得风机转动起来。

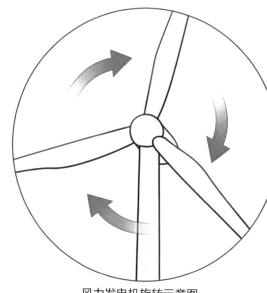

风力发电机旋转示意图

风能的利用

自然界的风能有多少是可以被风力发电机利用的呢？要讲清这个问题，就需要给大家提出一个名词——"贝茨定律"，下面我们将通过风力发电过程来展开介绍。

风力发电机是一种将风能转换为电能的装置。风力发电机的叶轮将通过它的风能转换为动能，由于动能的转移，通过叶轮后的风速会下降。

假设将通过叶轮的空气从空气中分离出来当作孤立的事物来看待，那么就可以形成一个横截面为圆形的长的气流管。

假定叶轮是理想的，具有无数的叶片，气流通过叶轮时没有阻力，如果没有空气横穿边界面，那么气流管中的空气质量和流量都相等。

但由于气流管中的空气经叶轮后速度下降，且空气的质量不变，由此空气的密度将减小，体积会变大，因此气流管的横截面积将会发生膨胀。

"贝茨定律"的极限是理论上最大的风能利用系数，所以风力发电机的风能利用系数不会超过这个极限。而这个极限的数值为 0.593，也就是说 100 份的风能理论上最多只有 59.3 份的能量转化成叶轮转动的动能。

发电机发电过程

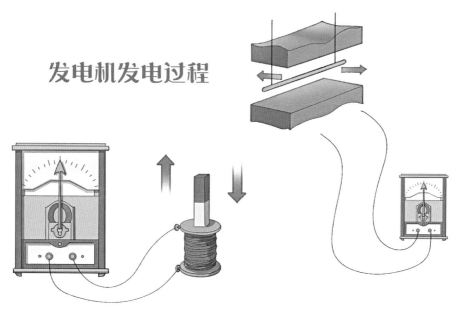

电磁感应现象

　　1820 年，丹麦物理学家奥斯特发现了电流的磁效应，即任何通有电流的导线，都可以在其周围产生磁场的现象。同年，安培提出安培定则。1831 年，英国物理学家法拉第发现了"闭合导线切割磁感线可以产生电流"，即电磁感应现象。

@所有人　各位大佬，你们好！我是奥斯特，我发现了通电导线周围存在磁场。

@奥斯特　特哥，我是安培，托您的福，我发现了电能生磁。

@奥斯特@安培　二位大哥好啊，小弟是法拉第，我发现闭合导线切割磁感线能够产生电流，我把它叫作电磁感应现象。

电磁感应现象的应用

电磁感应现象最重要的一个应用是制造发电机，其基本原理是：闭合电路的一部分绕成线圈，然后在磁场中转动切割磁感线，产生感应电流。

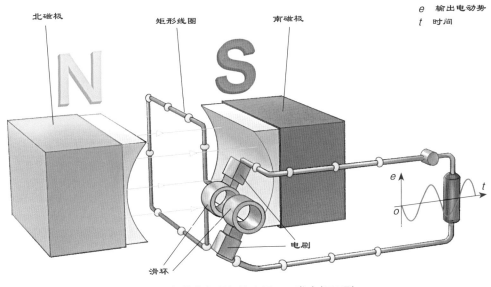

电磁感应现象的应用——发电机原型

变压器是利用电磁感应的原理来改变交流电压的装置，其主要构件是初级线圈、次级线圈和铁芯。当初级线圈中通有交流电流时，由于交流电的大小、方向在不断改变，所以铁芯中便产生变化的磁场，这个变化的磁场通过次级线圈时会产生感应电流（电路闭合时）。事实上，当电路断开时，虽然没有感应电流，但在电路两端会有感应电压，由于次级线圈与初级线圈匝数不同，感应电压 U_1 和 U_2 大小也不同，变压器就是通过这样的方法来改变电压的。

风力发电机组分类

直驱永磁风力发电机组，是由叶轮直接驱动发电机，其机械传动部件少，结构简单，传动效率高，风能利用率高。

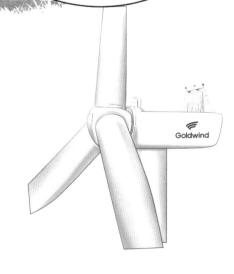

双馈风力发电机组，是由叶轮驱动齿轮箱，其三级增速齿轮箱将低转速的动能转化为高转速（1500 ～ 2000 转 / 分）的动能，传递给发电机。其发电机体积、重量较小，成本低，但结构相对复杂，故障率高。

中速永磁风力发电机组（即半直驱永磁风力发电机组），是由叶轮将动能传递给齿轮箱，其二级增速齿轮箱将低速的动能转化为中等转速（100 ～ 500转 / 分）的动能，传递给永磁发电机。

中速永磁风力发电机组集合了直驱永磁和双馈机组的优点，结构简单，稳定性高，成本低。

电能转换与并网

为什么要对电能进行变频

众所周知，我们的家庭用电频率为 50 赫兹，但是风力发电机组发出的电频率并不是 50 赫兹，而是在 5 ~ 12 赫兹波动。因此，风力发电机发出的电是不能被我们直接使用的，必须将其参数变换至与电网的参数一致才可以。

电网对风力发电机组的电能参数有限制，具体哪些参数需要与电网参数一致呢？答案是幅值、频率和相位。

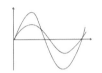
幅值不相等（电压不相等）

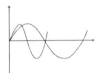
频率不相等

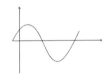
相位不相等

如果风力发电机组发出的电能与电网的标准不一致，并网后则会对电网造成非常大的冲击，甚至可能会导致成千上万户家庭断电。想要风力发电机组发出的电能符合电网的要求，就需要机组一个至关重要的部件来发挥作用，这就是变流器。

什么是变流器

变流器就是将风力发电机组发出的不符合电网的电能转化为符合电网要求的电能的风力发电机组部件之一。

它先将风力发电机组发出的不符合电网要求的交流电转化（整流）为稳定的直流电，随后又将这个稳定的直流电转化（逆变）为符合电网要求的交流电能。而此时通过先整流再逆变的电能完全符合电网要求，也就可以并网给用户输送电能了。

交流 → 直流 → 交流
整流逆变过程

风力发电机组与电网的关系

电网究竟是什么呢？电网就是电力系统中各种电压的变电所及输配电线路组成的整体，它包含变电、输电、配电三个单元。

电网的任务是输送与分配电能，改变电压。风力发电机组将发出来的符合电网要求的电能并入到电网中，电网再将其输送至千家万户。

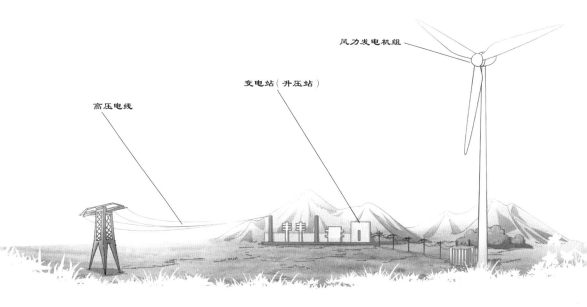

风力发电机组与电网关系

风力发电机组和电网的关系看似是由风力发电机组发电，由电网送电，其实不然。它们的合作关系具体是这样的：第一，当风力发电机组还没有并网发电（即叶轮没有转动）时，其需要持续地从电网中吸收电能，供自己内部的耗电部件使用；第二，当风力发电机组开始发电时，其发出的电分成了两部分，一部分先供自己内部耗电元件使用，另一部分则传输给电网，供电网内需求用电方使用。

4

我是会思考的大块头

我有一个聪明的大脑

凭借自我感知、自我思考、自我学习、自我适应等一系列先进的智能技术，站在你面前的我是一个能够自己做出判断和决策的大块头，并且我们整个风电机组全生命周期的安全水平已被提升至航空等级。

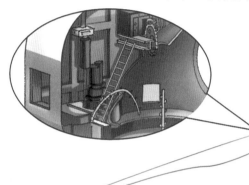

别看我外表笨重、冰冷，其实我也和人类一样，有一个聪明、有温度的大脑。与人类稍有不同的是，我的大脑由两部分组成：位于机舱的塔顶控制系统和位于塔基的塔基主控制系统。

塔顶控制系统由通信模块和输入输出模块组成。

塔基主控制系统分为两组模块，一组由主控模块、通信模块、电网测量模块和输入输出模块组成；另一组为单独的通信模块。

塔顶和塔基的两个通信模块通过光纤实现塔上、塔下控制组之间的通信。输入输出模块提供数字量和模拟量的输入输出，与偏航系统、安全系统、状态监测系统、振动监测系统和轮毂内变桨系统进行通信，可实现风速、风向、转速、位置、温度、压力等信号的测量和控制。

风力发电机组的主控制器——PLC

作为一个会思考的大块头，我是一台自律的机器，从出生起，我就给自己制定了严格的行为守则：身体是革命的本钱！所以我要求自己在工作期间落实各项保障措施，保证自身安全可靠运行。我的人类朋友告诉我，要做一个合格的职场人（机器），不但要学会做正确的事，还要正确地做事，所以我始终以从自然风中获取最大的能量为行动目标。

我知道，除了对工作认真负责外，还要对外界友好、对朋友靠谱，所以我以向电网提供良好的电力供应为己任。

风力发电机大脑的功能

风力发电机组的主控制器 PLC 主要有如下功能：

（1）根据风速调整叶片的角度。当风速比较小的时候，PLC 控制叶片持续在最小角度，这样就能够吸收最多的风能，提高发电机的效率；当风速比较大的时候，PLC 控制叶片随时调整角度，以保证发电机的输出功率维持恒定。同时能够采集到变桨的异常数据，对风力发电机组进行停机保护。

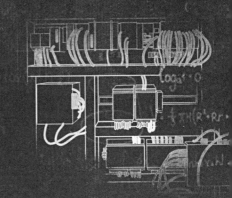

（2）根据风向调整机舱的角度。当风向有变化时，PLC 会控制机舱寻找风向，确保吸收更多的风能，提高发电效率。若偏航系统出现故障，其会控制风力发电机组，启动停机保护。

（3）控制变流系统。将发电机发出的不符合电网要求的电能转化为符合电网要求的电能，同时不断采集并网侧的电能质量，持续保证并网电能的质量。

（4）采集温度，保证各部件在最合适的温度范围内工作。

（5）采集外部信号，并实现逻辑判断。

（6）与机舱、轮毂、冷却、变流等系统进行通信，并下发指令；与中央监控系统通信，将风力发电机组数据传输至中央监控，实现远程监控、参数查阅、风机控制等功能。

你好，我是可爱的大块头

我有精准执行命令的肢体

大家都知道，风的大小和方向不是一成不变的，那么在风速和风向发生变化的时候，风力发电机组会如何进行判断，并作出哪些反应呢？

例如，当风向发生变化时，风力发电机的机头会慢慢地向风向调整，以便最大限度地接受风能。风力发电机组"找风向"的这个过程就叫作偏航。在正常工作的过程中，风力发电机组有很多与偏航类似的动作要做，有的是为了保证风力发电机各个部件维持在理想的温度，有的是为了保证吸收更多的风能，有的则是为了确保风力发电机组不受大风的影响。

这些动作都是风力发电机组的各个"肢体"来完成的，而这些负责执行的"肢体"都会听从"大脑"的指挥，精准无误地执行"大脑"下达的指令。

偏航系统——智能找风，快速对风

偏航系统，又称对风装置，是风力发电机机舱的一部分，其作用在于当风向变化时，能够快速平稳地对准风向，以便叶轮获得最大的风能。

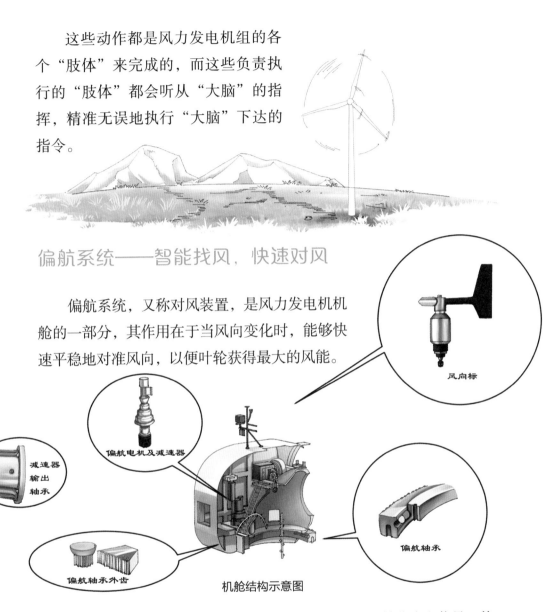

风向标

减速器输出轴承

偏航电机及减速器

偏航轴承

偏航轴承外齿

机舱结构示意图

偏航系统里，风向标作为感应元件，将风向的变化转化为电信号，传递到偏航电机，经控制回路的处理器比较后，向偏航电机发出顺时针或逆时针的偏航命令，为了减少偏航时的陀螺力矩，电机转速将通过同轴连接的减速器减速后，将偏航力矩作用在回转体大齿轮上，带动风轮偏航对风。对风完成后，风向标失去电信号，偏航电机停止工作，偏航过程结束。

变浆系统——精准捕风，急停顺浆

随着风力发电技术的迅速发展，风电机组正从"恒速恒频"向"变速恒频"、从"定桨距"向"变桨距"方向发展。

变桨距风电机组以其能最大限度地捕获风能、可以适应随时变化的风速、输出功率平稳、机组受力小等优点，成为当前风电机组的主流机型。

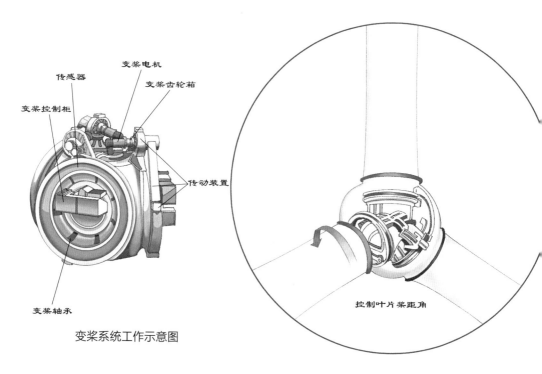

变桨系统工作示意图

简单来说，变桨系统主要通过对叶片桨距角的控制，改变气流对桨叶的攻角，进而控制风轮捕获的气动转矩和气动功率，使风机在低风速时即可获得电能，在风速大于额定风速时截获到固定大小的风能，实现最大风能捕获及变速运行；而小型风机因缺少变桨系统，在面临高风速时则只能依靠失速来调节转速。

我的工作状态

作为智能风机的执行单元，我会严格按照主控系统的指令行事，确保风力发电机安全、稳定、高效运行！

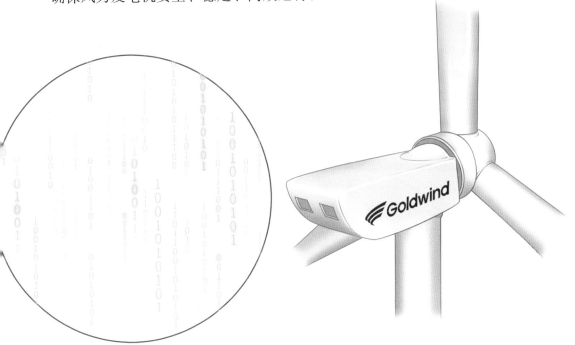

额定风速以下：三支叶片位置保持在 0 度附近，以最大限度地捕获风能，保证空气动力效率；

达到及超过额定风速：变桨系统会根据主控系统的指令同步调节三支叶片的角度，保证风力发电机组的输出功率稳定；

安全风速以上或其他紧急情况下：将叶片顺桨至安全位置，实现急停顺桨功能，保证风力发电机组的安全。

高速运转的风机遇到特殊情况如何实现紧急刹车？

变桨系统还肩负着风力发电机组的主刹车安全功能，负责实现风力发电机组的气动停车，并在紧急状况下实现急停顺桨功能，保障风力发电机组的安全。

在急停顺桨状态下，变桨系统是在风力发电机组的主控系统之外独立工作的，这样可以避免因风力发电机组的主控系统停止工作或异常错误而不能急停顺桨。

冷却系统——严格控温，安全运行

风力发电机组在工作过程中会产生大量的热能，如发电机旋转摩擦生热、电流生热、电动机工作生热、变流器工作生热等，而这些热量会对风力发电机组造成非常大的影响，更有甚者可能会导致风力发电机组报故障停机或者损坏整个风力发电机。

当风力发电机的"大脑"检测到某个部位的温度偏高时，在冷却系统控制下，散热风扇、散热器（散热系统）开始工作，对发热异常的部位进行冷却。

冬季，当气温较低时，风力发电机组会控制加热器启动，给温度比较低的部件进行加热。从而确保风力发电机组的各个部件都在最合适的温度环境中工作。

当风力发电机组的功率比较小的时候，发电机散热量不大，利用空气的流动带走风力发电机产生的热量即可。

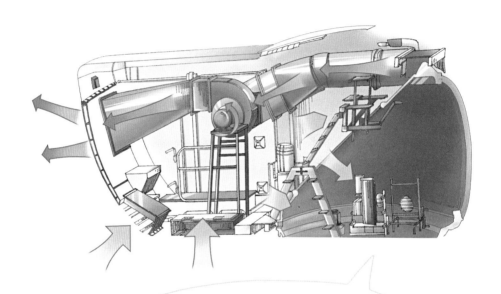

当风力发电机组功率增大一些时，发电机的散热量有所增大，这时候流动的空气已不能完全带走发电机散发的热量，此时就需要风力发电机组的"大脑"控制并启动散热电机，将发电机内部的热空气抽出来，降低发电机的热量；当风力发电机组的功率继续增大时，风机的"大脑"会控制并启动散热电机在高速运行状态下工作，从而提高抽取发电机中热量的效率。

液压系统——液压传递，刹车锁定

利用液体压力传递原理，可以构建液压传动系统，也可以构建液压控制系统。风力发电机组中的液压传动主要用在偏航制动、转子制动、叶轮锁定三个地方。

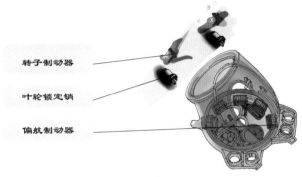

转子制动器

叶轮锁定销

偏航制动器

液压管路示意图

当机舱需要偏航时，风机组的"大脑"首先控制偏航刹车松闸，随后启动偏航电机，让机舱做出偏航动作；当机舱对准风向后，风机组的"大脑"便下发指令，让偏航电机停止工作，同时让偏航制动器刹车，这样就可以保证风速变大的时候机舱不会被风吹得转向。

当工程师需进入叶轮里面工作时，需要将转子刹车刹住，再将叶轮锁定销锁定，整个过程类似于给自行车刹车并用锁将其锁住。这样就能够保证工程师在叶轮里面安全地工作。

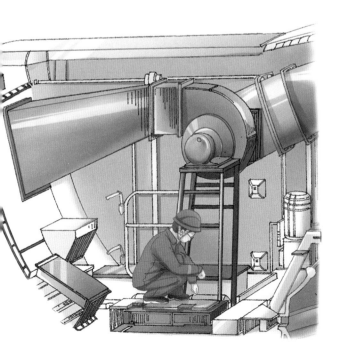

我有一套敏感的神经网络

我们知道，人类的身体通过触觉、嗅觉等各种感官，可以感受外部环境的情况，同时也可以根据感受到的各类情况，如痛、冷、热等感觉，作出相应的反应。

作为一个会思考的大块头，风机组也需要对自身及外部的环境进行感知。如风速、风向、风机组所在地区的温度等，通过对这些情况进行科学判断，风机组的"大脑"会做出偏航、变桨等动作，以保证风能的最大利用率或保护风机组的安全。除了外部环境，还要对风机组内部的状态进行监控，如发电机的转速、机舱位置、变桨角度等，通过对这些状态进行感知，风机组的"大脑"可以判断出各个"肢体"是否严格执行了其指令。

不同于人类将不同的感知器官分别命名为眼睛、鼻子、耳朵等，风机组用于感知内外部状态的器官有一个统一的名字——传感器。

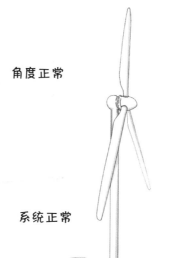

转速正常

角度正常

系统正常

风速、风向、温度一切就绪

感知风速、风向

风速仪、风向标是风力发电机组的"眼睛和耳朵"，影响着风机的偏航和变桨。机械式风速风向仪，是大气中的风直接作用在风杯上，通过机械转动部件传导计算出大气环境中的风速和风向。超声波风速风向仪，是大气中的风在腔体内运动，通过多普勒原理计算出大气环境中的风速和风向。

0 ~ 360度

风速仪、风向标的工作原理

在风力的作用下，风杯绕轴旋转，其转速正比于风速。根据输出信号不同，可分为数字（脉冲）信号和模拟信号。在电路上加入了单片处理器，将数字（脉冲）信号送入单片处理器的计数中，通过处理器的时钟中断及内部的程序，计算出相应的风速，并转化成数字信号，再通过数模转换器及相应的转换放大电路将数字信号转换成标准的模拟信号（4 ~ 20毫安电流）送出。

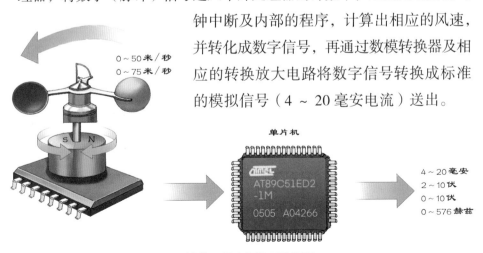

0 ~ 50米/秒
0 ~ 75米/秒

单片机

AT89C51ED2
-1M

0505 A04266

4 ~ 20毫安
2 ~ 10伏
0 ~ 10伏
0 ~ 576赫兹

风速仪、风向标的工作原理

　　在实际场景中，风不会只沿着一个方向吹，为了能够准确测量，采取相互垂直放置的两对收发一体的超声波探头，保证探头距离不变，以固定频率发射超声波并测量其顺、逆传播时间。通过相关计算，可得到风速、风向数值。此类超声波测风探头所测得的风为平均的水平风，可在极坐标上表示出风速和风向。

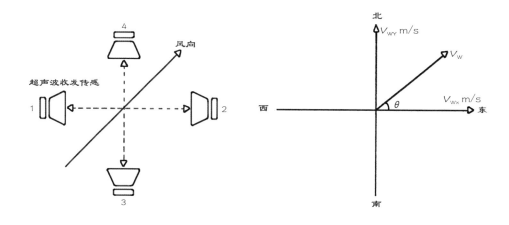

感应温度信号

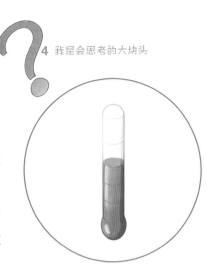

风机组上面有很多地方需要测量温度，如发电机、柜体、环境等。

当温度高于设定的温度值时，风机会做出当前温度不适合风机组正常工作的判断，此时"大脑"会启动冷却系统，给对应的部位吹风散热。

我们知道，人类通过温度计测量体温，风机组使用什么来测量温度呢？

答案是：Pt100。

小档案

Pt100 是什么？

Pt100 指铂热电阻，Pt100 后面的数字 100 表示铂在温度为 0℃的时候，它的阻值为 100 欧姆。

Pt 是一种叫作"铂"的金属，它有一种比较特殊的特性：阻值随着温度的变化而改变，并且呈线性关系（即一次函数）。

基于这种特性，我们只要可以测量出某一时间铂的阻值，就可以通过一次函数计算出当时的温度值。Pt100 可以测量"−200℃"到"+500℃"的范围，而在这个温度范围内，铂的电阻值和温度具有良好的线性关系。因此，风力发电行业普遍将 Pt100 用于温度测量。

Pt100实物图

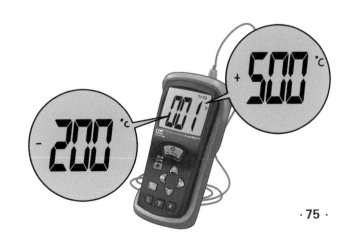

确定角度位置

风机组中有很多旋转部件，如叶片在工作中会变桨转动、机舱在偏航时会转动。而风机组的"大脑"需要实时知道叶片和机舱这两个重要的"肢体"所在的位置——也就是其角度。

风力发电机中测量叶片角度和测量偏航的方法不一样，叶片角度采用绝对值旋转编码器测量，偏航的机舱位置角度采用凸轮计数器（又称"偏航位置传感器"）中的旋转变阻器（电位器）测量。

旋转编码器

旋转编码器安装在变桨电机顶部，通过测量变桨电机轴的转动角度，计算出叶片对应的角度。

风力发电机组的发电机电缆及所有电气、通信电缆均从机舱直接引入塔筒，直到地面的控制柜及配电柜。如果机舱经常向一个方向对风偏航，会引起电缆的严重扭转。因此，风力发电机组的偏航系统都具备扭缆保护的功能。要对电缆进行保护，就必须对机组的偏航位置进行测量、监测并实施限位保护，这就需要用到传感器。金风科技风力发电机组中采用凸轮计数器（或称偏航位置传感器）进行保护。

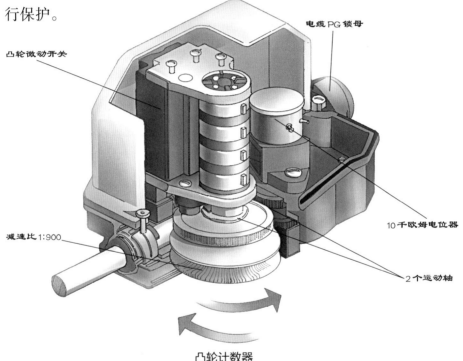

凸轮微动开关

电缆PG锁母

减速比1:900

10千欧姆电位器

2个运动轴

凸轮计数器

机舱位置检测传感器固定在机舱的底座上，靠近偏航轴承的外齿圈。在机舱位置传感器的内部有一个电位器，电位器内的滑线触头随凸轮的位置进行相应的移动，电阻值也随之发生变化。电阻值的变化引起电压的变化。电压信号被输送到模拟量采集模块中进行变换就得到了机舱位置。电位器阻值10千欧姆，处于中间电阻值时机组完全顺缆。此外，机组还利用凸轮触点及微动开关进行偏航限位保护，机组限位保护的数值是2.5圈，即900度。

测量电机转速

发电机转速测量对于风力发电机组来说是至关重要的，如不对发电机转速进行实时测量，则有可能导致风力发电机组发生"飞车"事故，后果非常严重。

金风科技的风力发电机组使用接近开关和过速（OVERSPEED）模块测量发电机的转速。接近开关是一种不与运动部件进行机械接触就可以操作的位置开关。当金属物体接近开关的感应面到动作距离时，不需要机械接触及施加任何压力即可触动开关，从而驱动交流或直流电器，给计算机装置提供控制指令。

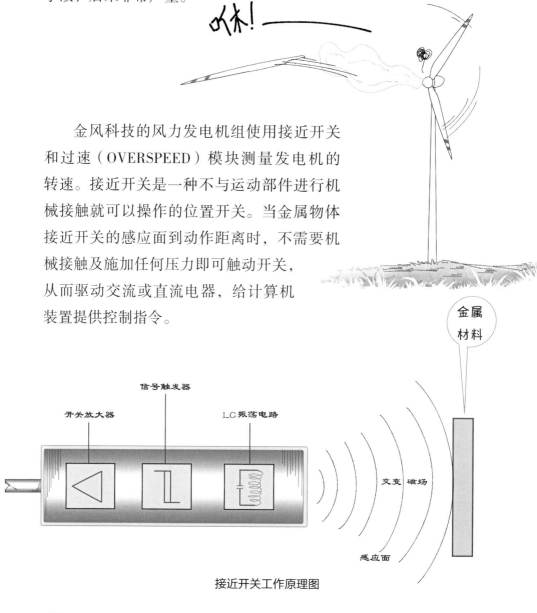

接近开关工作原理图

电感式接近开关由高频振荡、检波、放大、触发及输出电路等组成。振荡器在传感器检测面产生一个交变电磁场，当金属物体接近传感器检测面时，金属中产生的涡流吸收了振荡器的能量，使振荡减弱以至停振。振荡器的振荡及停振这两种状态，信号触发电路转换为电信号通过整形放大转换成二进制的开关信号，经功率放大后输出。

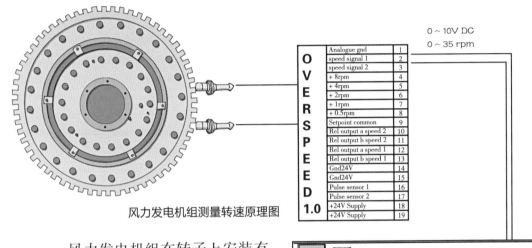

风力发电机组测量转速原理图

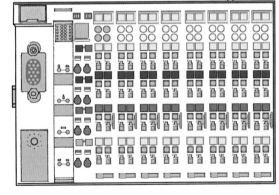

风力发电机组在转子上安装有发电机测速码盘，在测速码盘上端安装有两个接近开关。当发电机转动起来，接近开关能够通过发电机测速码盘的触发，输出一组脉冲信号。该脉冲信号通过信号线传输到OVERSPEED 模块内部，OVERSPEED模块通过脉冲信号的频率计算出发电机的转速，将这个转速值传输给 PLC，PLC 用于控制和保护。

除此之外，还有很多传感器用于测量风力发电机组内外部的状态，这些传感器组成了风力发电机组的神经网络，这样就能够时刻保护风力发电机组处于一个比较合适的工作状态，从而使风力发电机的寿命更长。

5

我是安全可靠的
大块头

塔基——下地入海，坚如磐石

"头重脚轻"的风机如何确保不倒

约 50 吨重的钢筋骨架及约 1000 吨重的混凝土结构，外加将各关键部位连接起来的高强度螺栓，以确保风机屹立不倒。

风机是如何屹立于海面的

底部固定式支撑

（1）重力式基础

主要依靠自身重力使风机垂直矗立在海面上，一般为钢筋混凝土沉箱结构，应用于深度 0 ~ 10 米的水域。世界上早期的海上风机基础均采用重力式，目前国内外很少再采用此种基础建设方式。

（2）单桩基础

单根钢管桩基础是由一个直径在 3 ~ 5 米的钢管桩构成，适用于深度小于 25 米的水域。对软土地基可采用锤击沉桩法；对岩石地基可采用钻孔的方法，也可在岩石地基内形成大直径钻孔灌注桩。这种基础的一大优点是不需整理海床。目前，单桩是海上风机的主流基础结构，但这并不意味着其是海上风机基础的成熟产品，在国外的海上风电场已经出现了单桩倾斜的案例。

（3）多桩式基础

　　由基桩和上部承台（包括混凝土承台和钢承台）组成，适用于深度 5 ~ 20 米的水域。上海东海大桥海上风电场项目使用的基础即为多桩式基础，采用八根中等直径的钢管桩作为基桩，八根基桩在承台底面沿一定半径的圆周均匀布设。

（4）三脚架式基础

　　用三根中等直径的钢管桩定位于海底，埋置于海床下 10 ~ 20 米的地方，三根桩呈等边三角形均匀布设，桩顶通过钢套管支撑上部三脚桁架结构。该基础自身重量较轻，整体结构稳定性较好，适用于深度 15 ~ 30 米的水域。

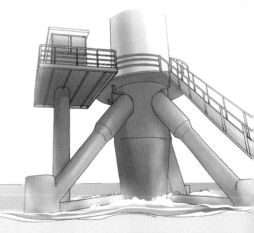

（5）导管架式基础

　　导管架式基础是深海海域风电场未来发展的趋势之一。这是一个钢质锥台形空间框架，以钢管为骨棱，在陆上先焊接好，再漂运到安装点，将钢桩从导管中打入海底，适用于深度5～50米的水域。

漂浮式基础

　　由于固定式基础无法安装在非常深或复杂的海床位置，因此，通过柔性锚、链或钢缆锚定在海床上的海上风电漂浮式基础应运而生。漂浮式基础是漂浮在海面上的盒式平台，适用于深度大于 50 米的水域，是未来深海海域风机基础发展的趋势之一。

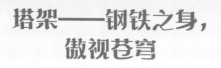

塔架——钢铁之身，傲视苍穹

塔架主要分为钢塔、混塔、分片式塔、桁架式塔和拉索式塔。基于安全性、经济性及美学考虑，以钢塔和混塔的应用最为广泛。

钢制塔架

钢塔为圆锥筒型结构，一般分为 3 ~ 4 段，每段由多节焊接组成，每一段通过法兰和螺栓连接。

塔筒体采用高强度的低碳结构钢，通过滚压、焊接等工艺制成。塔筒壁从底部到顶部厚度逐渐减小，底段厚度根据荷载在 30~60 毫米，顶段壁厚大于 10 毫米。

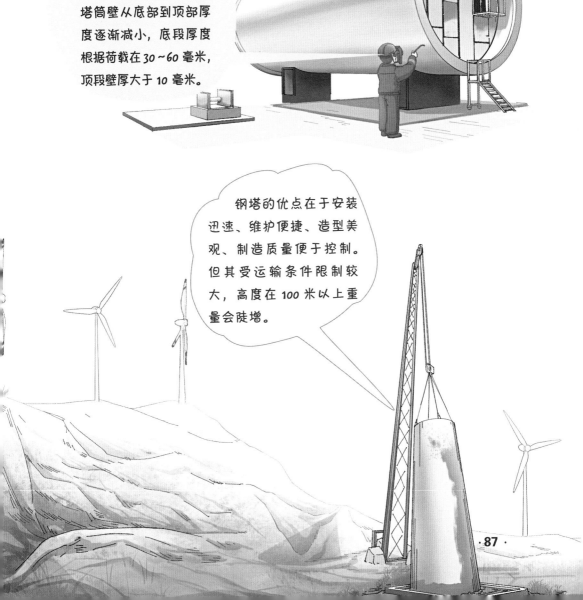

钢塔的优点在于安装迅速、维护便捷、造型美观、制造质量便于控制。但其受运输条件限制较大，高度在 100 米以上重量会陡增。

混凝土塔架

混塔的上部为钢制塔筒，下部为钢筋混凝土塔筒。混凝土部分可以实现现场浇筑或预制，相当于传统钢塔放到了一定高度的基础上，不需要复杂的控制策略，高度即可达到 100 米以上。

混塔的优点在于其可本地化施工，降低运输成本；抗冲击性和抗疲劳性能优越；可适用复杂地形；维护量很小；整体高度可达到 100 米以上。但其施工周期相对较长。

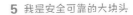

塔架有什么用

　　塔架可以支撑机舱和叶轮，为叶轮提供必需的高度，以利用这个高度处的风资源。

高一百多米，体重四五百吨的塔架到底有什么用呢？

为风电场运营维护人员进入机组提供安全通道。

为输电系统组件和设备提供安装空间。

一块钢板的变身之旅

　　大家好！我是一块来自宝钢的 B-GW001# 钢板，跟随着兄弟们来到了华东某塔筒生产基地。我将在这里开启一段全新的旅程。

钢塔的制作流程

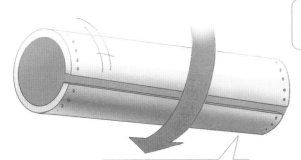

第一道工序：下料（数控切割下料、开设坡口）

第二道工序：卷圆

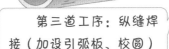

第三道工序：纵缝焊接（加设引弧板、校圆）

第四道工序：组对（筒节与法兰间的组对、筒节与筒节间的组对）

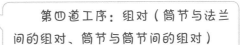

第五道工序：环缝焊接（内壁焊接、外壁焊接）

你好，我是可爱的大块头

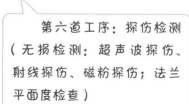

第六道工序：探伤检测
（无损检测：超声波探伤、
射线探伤、磁粉探伤；法兰
平面度检查）

第七道工序：塔筒防腐
（喷砂除锈、喷涂底漆）

第八道工序：内附
件安装（塔筒内部管母
线及平台、栏杆扶手、
灯具等内附件安装）

第九道工序：成品运输及安
装（包装、装车、运输、吊装）

叶片——历尽千帆，不坠青云

带你认识真正的我

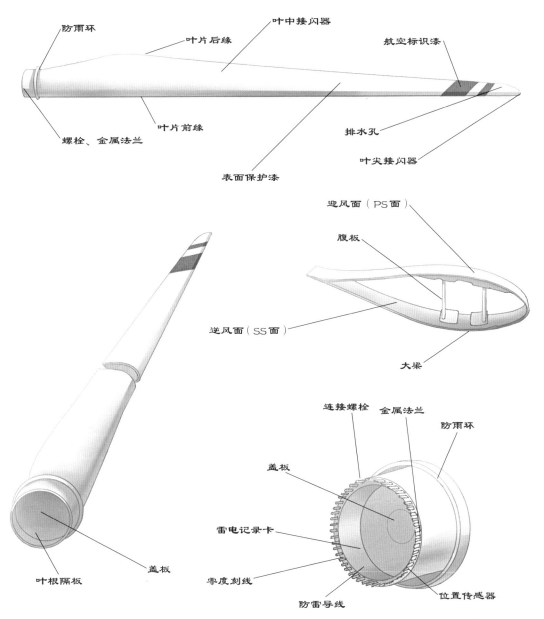

防雨环

叶片后缘

叶中接闪器

航空标识漆

叶片前缘

螺栓、金属法兰

表面保护漆

排水孔

叶尖接闪器

迎风面（PS面）

腹板

逆风面（SS面）

大梁

连接螺栓　金属法兰

防雨环

盖板

雷电记录卡

零度刻线

防雷导线

位置传感器

叶根隔板

盖板

叱咤风云，源自科学用料与先进的生产工艺

作为一支立志于叱咤风云的叶片，我们一生都要与风雨雷电相伴。为了练就强硬坚韧的筋骨，工程师们用树脂（环氧树脂、不饱和聚酯树脂、乙烯基树脂等）和纤维布（玻璃纤维、碳纤维、竹纤维等）铸造我们的骨骼；为了兼顾强度与重量，我们的芯材多采用聚氯乙烯（PVC）泡沫夹芯、巴沙木夹芯等轻质多孔结构；为了更有效地保护自己，我们还会穿上聚氨酯体系、氟碳体系的外衣。

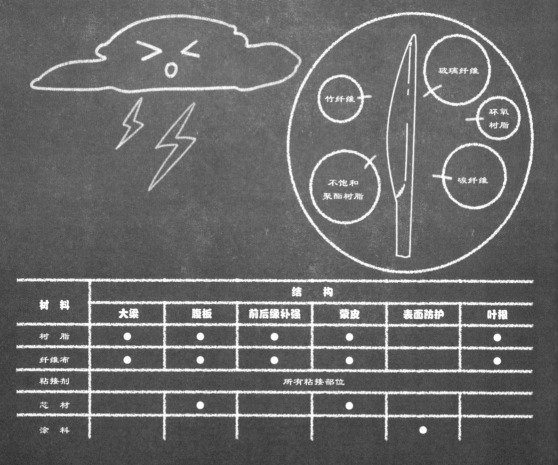

材料	结构					
	大梁	腹板	前后缘补强	蒙皮	表面防护	叶根
树脂	●	●	●	●		●
纤维布	●	●	●	●		●
粘接剂	所有粘接部位					
芯材		●		●		
涂料					●	

　　叶片生产采用真空灌注成型技术，通过将纤维增强材料直接铺放到模具上，在纤维增强材料上铺放剥离层和高渗透介质，然后用真空薄膜包覆及密封，利用负压将树脂注入并浸透增强材料的一种成型工艺。该生产工艺下的产品性能好、生产效率高、质量稳定。

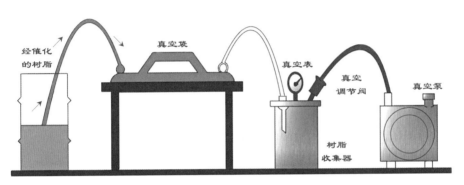

真空灌注成型技术示意图

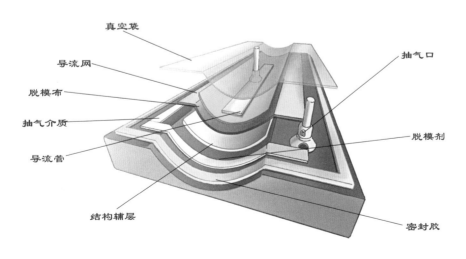

真空灌注成型模具剖面图

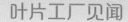
你好，我是可爱的大块头

叶片工厂见闻

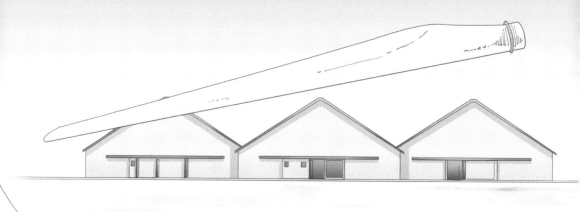

大家好！我是一名风机工程师，也是你们的老朋友——追风人团队的一员。

下面我就简单地带领大家认识一下风机的主要部件——叶片的制作流程！

叶片生产流程

预制件（大梁预制、腹板预制、叶根预制）

↓

壳体铺层（外蒙皮铺层、铺放大梁、夹芯铺设、内蒙皮铺设）

↓

壳体灌注（铺设真空灌注体系、灌注树脂）

↓

合模粘接（合模固化、腹板粘接）

↓

手糊补强（前缘补强、叶根补强）

↓

削切钻孔

↓

配件安装（零刻度线、盖板、雷电计数卡）

↓

打磨、涂装、标识（重心标识、吊点标识）

↓

打排水孔

↓

测电阻（叶片各点位电阻≤50欧姆）

↓

配重（配重前，单支叶片重量超差≤3%；配重后，三支叶片质量距互差≤1‰）

一块巴沙木的旅行

"你又是谁？"嘿嘿！你是不是想问这个问题？我先自我介绍一下，我叫巴沙木，我的家乡在美洲的热带森林里。我是世界上生长最快，也是最轻的木材，但我的结构却又非常牢固，因此成为航空、航海及其他特种领域的宝贵材料。很早的时候，我们就在中国的宝岛——台湾安了家，20世纪60年代起，我们又来到海南、广东、福建等地。

开始这段奇妙的旅程前，我一直生活在山地森林里。作为一棵生来就带有使命的树，当我长大成人，我仿佛听到了一种召唤，于是我们成群结队，沿着山涧的小溪顺流直下。我们其中的一个小分队乘轮船、坐火车，一路北上，来到一个现代化的工厂——风机叶片厂。

我们所在的工厂，就像一座军事化学校，我们要经过严格的选拔与测试，只有最终的获胜者才有机会成为风机叶片的一部分。

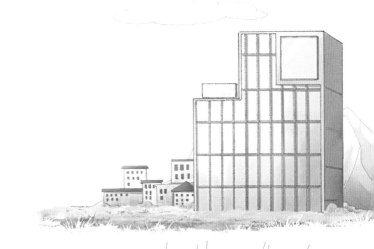

至于我们闯过了哪些关卡才成为可以迎风起舞的叶片，你们可以去问上文提到的工程师叔叔，我现在只想说点自己认为有趣的事。

我们被制成不同规格、具有不同特性的叶片，有的可以去海上，有的可以去高原，有的可以去漫山遍野都是冰雪的北方，还有的则要被派至炎热的戈壁。对了，除了遍布中国大江南北，还有越来越多的伙伴会被长期派到遥远的海外。我们一般要在自己的岗位上工作 20 ~ 25 年，为人类朋友带来清洁的电能。

到了该退休的年纪，我们有的伙伴会选择"下岗再就业"，到一些需要我们的偏远地区的小型、离网型风电场继续服役，尽管发电效率有所下降，但能发挥余热，也是一件开心的事！还有一些具有文艺细胞的小伙伴，会选择进入主题公园、街心广场、公交场站、居民小区等地方，化身建筑小品、长椅、阳光小屋……

考题1：静力测试

考核目标：

验证叶片极限承载能力；
验证生产的叶片与仿真计算的符合性。

测试项目：

重量、重心、频率、变形、应变。

考题2：疲劳测试

考核目标：

验证叶片结构疲劳承载能力；
验证叶片刚度衰减程度。

测试项目：

应变－荷载反馈。

考试闯关，你看到的每支叶片都是一个体育优等生

哇哦！经过漫长、枯燥的生长期，我们终于有机会去风电场大展身手了！

不要高兴得太早！不是所有的叶片都有机会叱咤风云，想要脱颖而出，还必须经过严格的体能考试！

什么？还要考试……那要考什么？

静力测试与疲劳测试。

与这个世界一起变得更好

中国技术，助力安全、高效海上"种"风机

在中国东部海域，一排排有序排列的"大风车"正有条不紊地为国家经济发展提供源源不断的动力。这些"大风车"均采用"种树式"的一体化安装建造技术，整机浮运，平稳地"种"在海上。这项中国原创的新技术来自天津大学的"海上风电新型筒型基础与高效安装成套技术"研究项目。

该成果获发明专利授权 101 项，核心技术获美、日、欧盟发明专利。

"造树根"：筒型基础结构，结实

中国近海海域风能资源丰富，50米水深内可开发量超过5亿千瓦。但是在中国近海海域安装海上风机不仅要解决海上风电开发施工窗口期短的问题，还面临海上强台风、软地基等挑战。

要想让海上风机稳稳地"站"在海里，经受得住风浪的洗礼，首先整体的结构、建造方式等都要适合中国海域的情况。而传统移植自欧洲的单桩、多桩导管架海上风电技术施工周期长、建造安装成本高。

天津大学的科学家团队经过多年的研究积累，开创性地发明了巨型多分舱海上风电筒型基础结构体系，团队还首创了工厂化批量预制基础结构和"种树式"安装风机的建造方式，以及提出新型筒型"基础顶盖—筒壁—土体"联合承载模式。

"运大树"：拖船整体浮运，高效

海上风大浪急，而海上风机又高又细，如何减少运输中的晃动，更稳定地把这个庞然大物平安送达？经过反复尝试，天津大学的科学家团队首创了海上风电"基础—塔筒—风机"整体浮运新技术，建立了筒型基础浮稳性与分舱优化分析方法，发明了船下气浮顶托风机整体浮运技术。同时提出"船—筒"姿态和水封安全控制指标，攻克了风浪流与"船舶—气浮基础结构—风机"多体耦合动力安全与性态控制难题。

运用了这种技术的运输安装船，成功实现了海上风机的整机一步式运输，使风机整体稳稳地运输到位。而且由于海上风机从运输到使用都可以保持同样的姿态，因此最大限度降低了风机各组成部分的损坏。

"种树"：筒型基础分舱，稳定

一切准备就绪，可以开始"种树"。

在平地上把树笔直地栽到土里并不是件容易的事情，而把漂浮在海上的风机笔直地"栽到"海底更是难上加难。

天津大学的科学家团队发明了筒型基础整体沉放和精细调平控制技术，这项技术通过分舱来达到效果。合理地分舱可以提高筒型基础气浮结构的浮稳性，有利于施工下沉和精细调平。通过精确计算，精准地给每个舱施加相应的压力，就可以使海上风机垂直地扎到海底了。

为了保证这项技术被安全地投入使用，团队还提出风浪流作用下"筒型基础—塔筒—风机"水中整体沉放姿态与安全性控制方法；揭示了筒型基础入土沉放过程中"筒—土—渗流"耦合作用与减阻机理，提出沉放阻力计算方法与减阻措施；发明了基于"分舱压力差—倾角—渗流—屈曲"联合测控的筒型基础沉放精细调平控制技术与装备。

据了解，目前该成果已实现一天一台的沉放安装速度，大大缩短了海上施工的时间，加上整机运输的时间，总体海上安装建造效率比传统装机方式提高了5～7倍，解决了海上风电能源发展受施工窗口期影响的一大难题。

降噪与光影控制，让风机更友好

　　风力发电机的噪声分为两种：一种是"空气动力学噪声"，由发电机 / 涡轮机的叶片转动时切割空气而产生，会发出类似"嗡嗡嗡"的声音；另一种是"机械噪声及结构噪声"，与机械有关。

空气动力学噪声的降噪技术

（1）锯齿尾缘

现代风机朝着单机容量大型化方向发展，叶片变得越来越长，叶尖速度也越来越高。大量研究表明，在风机的叶片尾缘加装锯齿尾缘能显著降低辐射到远场的噪声，即在叶片尾缘部分设置不同形状的锯齿，该方法启发于大自然鸟类翅膀尾缘或鲸鱼鱼鳍尾缘，属于一种仿生方法。

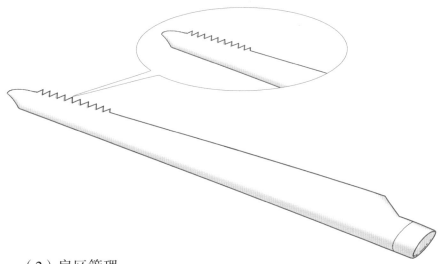

（2）扇区管理

扇区管理技术，可对某机位在某时间段、风向段、风速段实施停机、减速或偏航（减小切入角）操作，减少某个风向上特殊风况对风机的影响，降低风机的荷载，以降低发电量为代价，确保气动噪声的降低。

（3）夜间降噪运行模式

夜间降噪运行模式是扇区管理技术的特例。白天因为有各种声音影响，噪声基本可以忽略不计；当寂静的夜晚来临，风机的噪声就另当别论。如目前国家对白天风机噪声控制在50分贝以下，夜间需控制在45分贝以下。

机械噪声及结构噪声的降噪技术

机械噪声及结构噪声主要分为齿轮噪声、轴承噪声、电机噪声，以及散热器、风冷设备等辅助设备产生的噪声等。

这类噪声是风力发电机的主要噪声来源，其主要控制途径是避免或减少撞击力、周期力、摩擦力。如加工、施工工艺和运营维护的精益管理；采用弹性连接；采用高阻尼材料和增加消声装置等。

目前，国内领先的风力发电机整机制造商金风科技的 2 兆瓦以上机型在不采用任何降噪措施之前，可以将风力发电机的噪声安全距离降至 400 米以内。

光影控制技术

巨大的风机和旋转的叶片在阳光的照射下形成光影污染。将这种污染最小化，是风能发展道路上不可避免的问题。

卫星信号

风力发电机组

光强度
探测装置

定位与计时装置

算法分析
装置

控制装置

为解决现有风力发电机组造成的光影污染问题，有人提出了一种风力发电机光影控制方法及其系统。该风力发电机光影控制方法及系统通过人工智能、机器学习的方法处理相关数据，并根据处理后的数据控制风机的运行，可以起到减少风机运行时产生的光影污染，达到最大程度上利用风资源并减少对周围环境影响的目的。

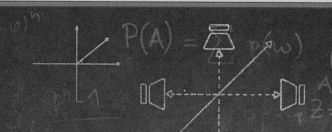

这种风力发电机光影控制方法主要包括如下步骤：

1. 基于光强度探测装置完成机组光照强度数据采集；

2. 基于定位与计时装置，完成机组坐标及测量时刻信息采集，实现对机组位置测点太阳高度角及太阳方位角获取；

3. 基于步骤2中获取的太阳高度角及太阳方位角信息，以及待测机组周边地形数据及机组形状参数，测得当前光影产生的方位及距离；

4. 基于光照强度信息、机组位置信息、太阳高度角及太阳方位角信息，完成与历史数据库中光影产生的分类器模型完成的数据匹配以实现当前是否可产生光影判断；

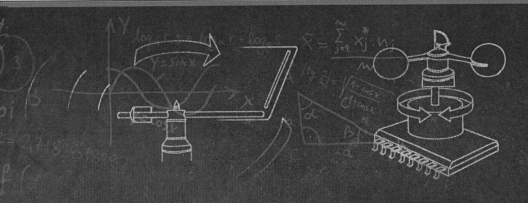

5. 在判断产生光影时，基于光影角度、机组叶轮偏航角度信息和机组转速信息，计算获得光影闪变频率；

6. 基于机组功率信息、机组位置信息、机组形状参数、光强度数据、机组周边人员和牲畜分布数据信息，并以步骤5中获得的光影闪变频率为边界条件，利用遗传算法计算获得待测机组偏航和转速控制指令；

7. 发电机组基于获得的叶轮偏航和转速控制指令完成指令响应。

一支退役叶片的旅行

大多数风力发电机的设计寿命为 20 ~ 25年，因此存在一个迫在眉睫的问题，大型纤维增强塑料（FRP）叶片在使用寿命到期后会发生什么？

要退休啦！

每兆瓦额定风力发电机功率大约要使用 10 ~ 15 吨玻璃钢，因此处理报废涡轮叶片是一项比较艰巨的任务。其实我们并不需要解决整个风力发电机组的回收问题，回收混凝土和钢元件的技术已经很成熟，主要的挑战在于大多数叶片由复合塑料制成。这些玻璃钢材料因其重量、结构和空气动力学（当成型为叶片时）特性而被选择，其可回收性不佳。不幸的是，将纤维与嵌入其中的聚合物树脂分离是非常困难的，但是只有通过实现这种分离才能确保最高价值的再循环分类。实现这一目标的技术还处于初级阶段，所以迄今为止大多数实践都采用了不需要分离的选项。

旅游线路一：转战"离网"风场

有一种可能性是将由于重新供电而已经过剩的叶片利用到新的安装中。有专门开发原始叶片的二手市场，经过翻新的叶片通常会使用在最近才开始部署风力发电的地区。这里小规模的风力发电场（通常是"离网"）功率较小的风力涡轮机很可能会涉及一段时间，其中存在剩余寿命的风力涡轮机可能对此有用。丹麦和德国的风能企业都有这方面的经验。

旅游线路二：在文旅、办公场景下再现风光

回收完整的叶片不是唯一的选择，叶片的各部分也可以二次使用。叶片部分已被用于荷兰的公交候车亭和公共座位，以及一些国家的儿童游乐场设施。中国在废旧风机叶片二次利用方面也有很多有益的尝试，如北京凉水河畔的叶片公园、金风科技公司总部的叶片小屋。另外，海洋结构、艺术装置、办公场景等也是其他潜在的应用。

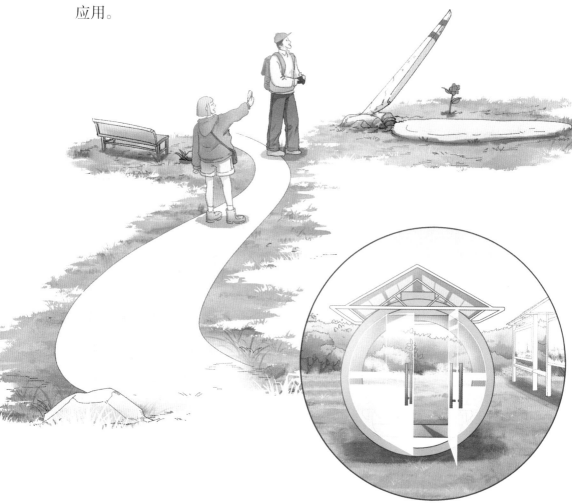

风机叶片小屋

旅游线路三：材料再利用

材料再利用方面，一个有吸引力的替代方法是在二次产品如骨料和水泥中使用叶片回收材料。将退役叶片制成较小的碎片或颗粒，可用于提高建筑及相关行业产品性能。叶片碎片也可以用作燃料。来自叶片和其他复合材料的玻璃纤维碎片已经在混凝土炉中被使用，随后的灰分可以被混入混凝土中作为填充剂，其中短纤维也可以具有一些增强效应。

3D打印花坛

在中国首个可再生能源"碳中和"智慧园区——金风科技亦庄智慧园区内，一组采用固废3D打印技术建造的景观花坛正式落成。这项技术可将风机叶片固废转化为3D打印的原材料，借助3D打印产业实现对叶片固废的规模化消纳，破解退役风机叶片高值化利用的技术瓶颈，为批量无害化处置退役风机叶片探索出一条可行性和经济性的技术路径。

7

你好，我们可以成为朋友吗

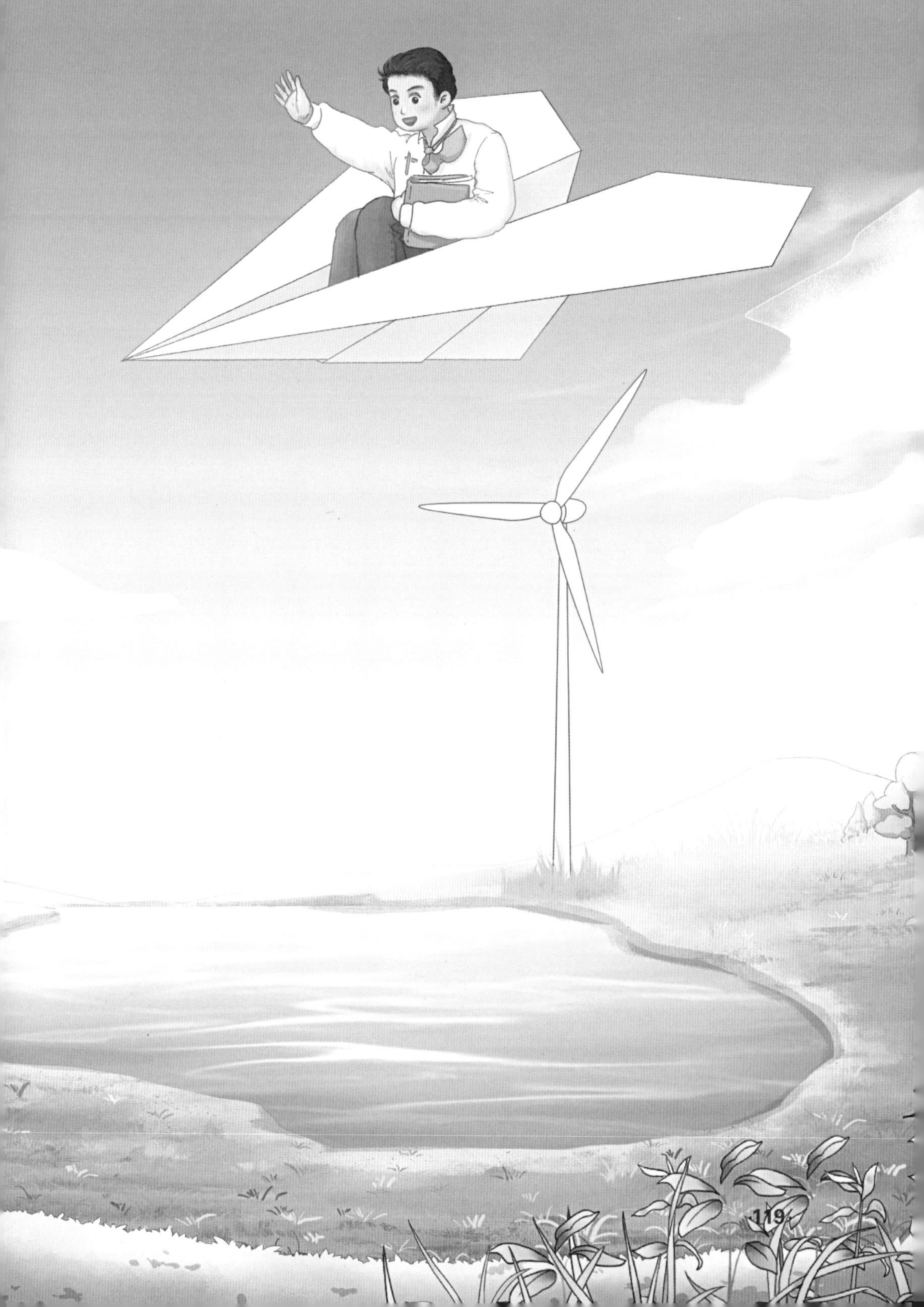

追风人

站在空无一人的旷野
闭上眼睛
有风轻抚面颊

我，驻足，用心
感知它的温度
轻嗅它的味道
描绘它的形状
还有，它掠过我时的心情

如果，我是说如果
风会说话
它会以怎样的语气
诉说自己的过往

你告诉我
要启程了
迎着风来的方向
只因，我是

追风的人